数学小天才的一年级预备课

除 法

[美] 约瑟夫·米森　文

[美] 萨缪·希提　图

仇韵舒　译

U0177474

文匯出版社

小读客
童书

目 录

第2课　平均分

你好呀，加号！

你好呀，乘号！

你们在干吗？

我们捡了一堆贝壳。

一共有9个。

我们俩想平分它们，

但不知道怎么分。

我来帮你们吧。

你来？

那我们可以3个人平分。

我都行，只要分得平均就好啦。

没问题！9除以3，算式这么写：

我们试着把这堆贝壳分成3组。

好主意！

看这里！现在我们有3个3啦。

那为什么不这么想呢？

用3乘以3，算式这么写：

而用9除以3，算式就是这样：

$$9 \div 3 = 3$$

我想你们还得再多做些除法练习。

走吧！

恭喜你已经知道除法是怎么一回事了，休息一下吧。

第3课 平均分的方法（一）

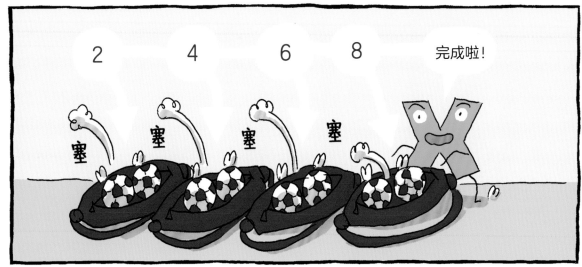

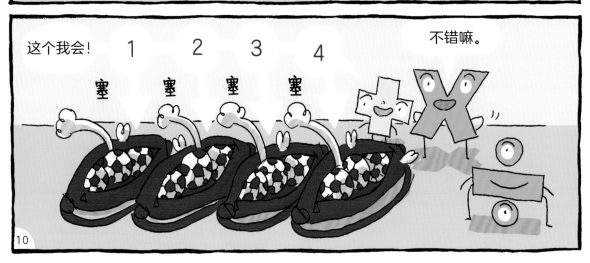

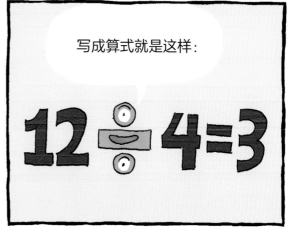

数一数，分一分，除法本质是平均。休息一下再继续。

第4课 平均分的方法（二）

我们可以把算式写成这样：

$$15 \div 5 = ?$$

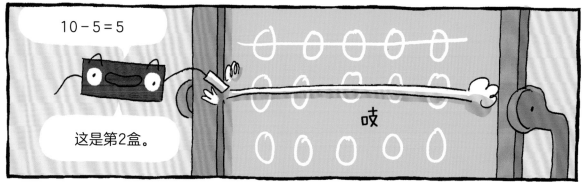

真棒，又学会了一种平均分的方法！休息一下吧。

第5课　数字线上做除法

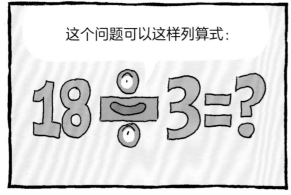

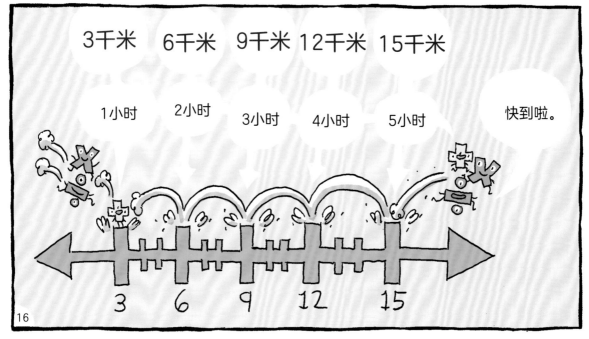

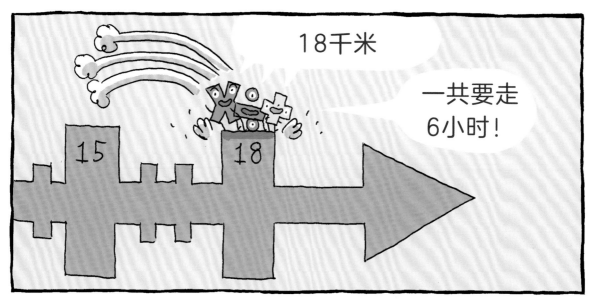

数字线在哪儿都好用，休息一下继续用。

恭喜你会的方法越来越多了，真棒！总结一下再继续吧。

我们可以用除法来算。

$$35 \div 7 = ?$$

算出35里有几个7，有几个7就要花几小时。

可以在数字线上7个7个跳着数！

好吃
好吃
好吃
好吃
好吃

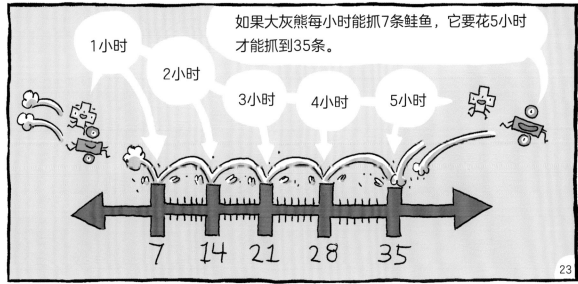

如果大灰熊每小时能抓7条鲑鱼，它要花5小时才能抓到35条。

1小时
2小时
3小时　4小时　5小时

7　14　21　28　35

看起来，这头熊为过冬储存了一些脂肪。

说得没错！

前3周我一共重了21千克。

我们用"千克"表示重量。

如果大灰熊每周增加的体重一样多，那它每周增重多少呢？

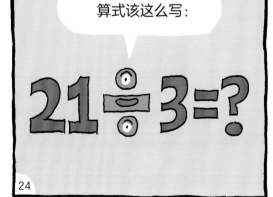

算式该这么写：

$$21 \div 3 = ?$$

我们要把21分成3份，每份代表一周。

用5千克的砝码来称吧！

扑通

我知道怎么检查你们算得对不对。

嘘！

呼噜……

对不起……

可以用乘法来算。

你的意思是？

我们知道3×6＝18

18就是6个3。

嗯。

所以我们可以从18开始数，看看还要几个3才能到21。

用数字线给我们讲吧。

没问题。

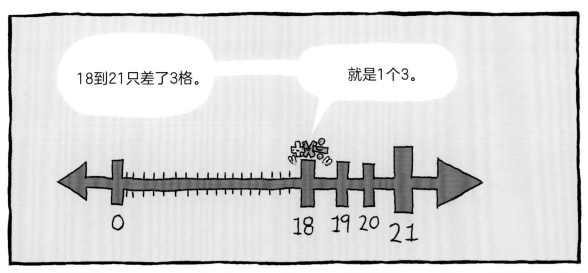

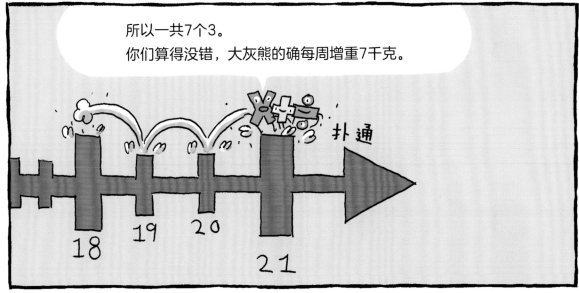

恭喜你掌握了这么多做除法的方法，快快休息一下吧。

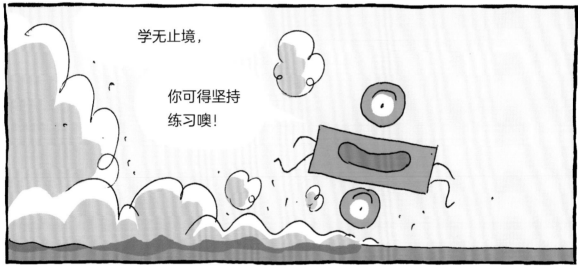

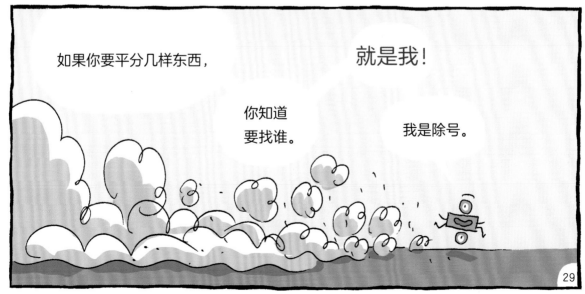

加减乘除在一起，看看后面的练习题。

附录　除法的基本规律

这张表格可以帮你快速计算乘除法。

你也可以用自己的方法学习乘除法的规律。

规律能告诉我们一组数字之间是什么关系。

这张表格列举了10组数字之间的乘除规律，你还能再想出几组吗？

1 × 1 = 1 1 ÷ 1 = 1	2 × 1 = 2 2 ÷ 1 = 2 2 ÷ 2 = 1	3 × 1 = 3 3 ÷ 1 = 3 3 ÷ 3 = 1	4 × 1 = 4 4 ÷ 1 = 4 4 ÷ 4 = 1	5 × 1 = 5 5 ÷ 1 = 5 5 ÷ 5 = 1
1 × 2 = 2 2 ÷ 2 = 1 2 ÷ 1 = 2	2 × 2 = 4 4 ÷ 2 = 2	3 × 2 = 6 6 ÷ 2 = 3 6 ÷ 3 = 2	4 × 2 = 8 8 ÷ 2 = 4 8 ÷ 4 = 2	5 × 2 = 10 10 ÷ 2 = 5 10 ÷ 5 = 2
1 × 3 = 3 3 ÷ 3 = 1 3 ÷ 1 = 3	2 × 3 = 6 6 ÷ 3 = 2 6 ÷ 2 = 3	3 × 3 = 9 9 ÷ 3 = 3	4 × 3 = 12 12 ÷ 3 = 4 12 ÷ 4 = 3	5 × 3 = 15 15 ÷ 3 = 5 15 ÷ 5 = 3
1 × 4 = 4 4 ÷ 1 = 4 4 ÷ 4 = 1	2 × 4 = 8 8 ÷ 4 = 2 8 ÷ 2 = 4	3 × 4 = 12 12 ÷ 4 = 3 12 ÷ 3 = 4	4 × 4 = 16 16 ÷ 4 = 4	5 × 4 = 20 20 ÷ 4 = 5 20 ÷ 5 = 4
1 × 5 = 5 5 ÷ 1 = 5 5 ÷ 5 = 1	2 × 5 = 10 10 ÷ 5 = 2 10 ÷ 2 = 5	3 × 5 = 15 15 ÷ 5 = 3 15 ÷ 3 = 5	4 × 5 = 20 20 ÷ 5 = 4 20 ÷ 4 = 5	5 × 5 = 25 25 ÷ 5 = 5

互动小·课堂

课本知识提前学

🍎 本书从认识除号开始，帮助孩子了解除法的本质——平均分。

🍎 学习这部分的内容，孩子将明白不同平均分方法对应不同的思考方式：

一个一个分对应加法的思想；

一组一组分对应乘法的思想。

🍎 本书用数字线做除法，与加法、乘法联系紧密，并在最后将加减乘除这四个符号的关系再次梳理了一遍，帮助孩子搭起数学的知识框架。

🍎 这些内容是对二年级数学教材中除法部分的补充与提升。

生活中的除法小课堂

🐚 想一想，生活中有哪些地方用到了除法呢？拿出自己的玩具和爸爸妈妈一起平均分一分吧。你能想到哪些分法呢？把想到的除法算式写下来吧。

🐚 火眼金睛大比拼。游戏规则：认真观察一天的生活，把隐藏的除法算式写下来，和爸爸妈妈比一比，谁才是发现更多除法算式的小能手。

图书在版编目（CIP）数据

数学小天才的一年级预备课. 除法 / （美）约瑟夫·米森（Joseph Midthun）文 ;（美）萨缪·希提（Samuel Hiti）图 ; 仇韵舒译. —— 上海 : 文汇出版社, 2020.12

ISBN 978-7-5496-3334-0

Ⅰ.①数… Ⅱ.①约…②萨…③仇… Ⅲ.①数学—儿童读物 Ⅳ.①O1-49

中国版本图书馆CIP数据核字（2020）第187234号

中文版权©2020读客文化股份有限公司
经授权，读客文化股份有限公司拥有本书的中文（简体）版权
图字：09-2020-794

数学小天才的一年级预备课. 除法

作　　者	/	[美] 约瑟夫·米森（文）
		[美] 萨缪·希提（图）
译　　者	/	仇韵舒

责任编辑	/	文　荟
特邀编辑	/	赵佳琪　蔡若兰
封面装帧	/	吕倩雯
内文排版	/	徐　瑾

出版发行	/	文汇出版社
		上海市威海路 755 号
		（邮政编码200041）
经　　销	/	全国新华书店
印刷装订	/	北京盛通印刷股份有限公司
版　　次	/	2020 年 12 月第 1 版
印　　次	/	2020 年 12 月第 1 次印刷
开　　本	/	787mm×1092mm　1/16
总 字 数	/	16 千字
总 印 张	/	12
ISBN		978-7-5496-3334-0
定　　价	/	150.00 元（全6册）

侵权必究

装订质量问题，请致电010-87681002（免费更换，邮寄到付）